RECHERCHES EXPÉRIMENTALES

SUR LE

GRAND SYMPATHIQUE

ET SPÉCIALEMENT

SUR L'INFLUENCE QUE LA SECTION DE CE NERF EXERCE

SUR LA CHALEUR ANIMALE.

PARIS. — IMPRIMÉ PAR E. THUNOT ET Cᵉ, RUE RACINE, 26, PRÈS DE L'ODÉON.

RECHERCHES EXPÉRIMENTALES

SUR LE

GRAND SYMPATHIQUE

ET SPÉCIALEMENT

SUR L'INFLUENCE QUE LA SECTION DE CE NERF EXERCE

SUR LA CHALEUR ANIMALE;

Lues à la Société de Biologie, dans les séances des 7 et 21 décembre 1853,

PAR

M. CLAUDE BERNARD.

PARIS.

IMPRIMÉ PAR E. THUNOT ET Cᵉ, 26, RUE RACINE.

1854

RECHERCHES EXPÉRIMENTALES

SUR

LE GRAND SYMPATHIQUE

ET SPÉCIALEMENT

SUR L'INFLUENCE QUE LA SECTION DE CE NERF EXERCE
SUR LA CHALEUR ANIMALE.

APERÇU HISTORIQUE.

Je n'ai pas l'intention de rapporter ici toutes les hypothèses qu'on a pu faire sur les fonctions du grand sympathique; je désire seulement rappeler dans leur ordre chronologique les principales expériences qu'on a tentées sur ce nerf à diverses époques. Cette indication historique montrera, mieux que toute autre discussion, la part et la succession des efforts de chacun dans l'étude expérimentale, si difficile, de cette partie du système nerveux.

La première expérience sur la portion cervicale du nerf grand sympathique appartient à Pourfour du Petit. Dans un mémoire très-remarquable publié dans les MÉMOIRES DE L'ACADÉMIE DES SCIENCES, pour

1727 (1), cet auteur soutient déjà que la portion cervicale du grand
sympathique ne naît pas dans la tête (de la cinquième et sixième paire)
pour descendre vers le thorax comme l'avaient cru Vieussens et Willis,
mais qu'elle monte au contraire de la partie postérieure du corps (chez
les quadrupèdes) vers la tête, pour se terminer dans les yeux, avec
les deux nerfs précités. La preuve que Petit en donne, c'est que quand
on coupe le nerf sympathique dans le cou, chez les animaux (chiens)(2),
les effets de sa paralysie se manifestent au-dessus de la section vers les
yeux, qui offrent alors un rétrécissement de la pupille, un affaisse-
ment de la cornée, une rougeur et une injection de la conjonctive ; de
plus, la troisième paupière est saillante et s'avance au devant de l'œil.
Petit ajoute que le sympathique influence les glandes et les vaisseaux
de l'œil qui, après la section du nerf, perdent leur ressort et s'emplissent
de sang ; il explique très-bien aussi le rétrécissement de la pupille par
la paralysie des fibres du sympathique qui, après s'être unies aux filets
ciliaires, doivent aller dilater la pupille. Enfin il signale encore un
rapetissement du globe occulaire quand les animaux vivent un cer-
tain temps.

Tous les phénomènes signalés précédemment se produisent lorsqu'au
lieu de couper le filet sympathique au cou, on extirpe le ganglion
cervical supérieur ou l'inférieur.

Dupuy en 1816 (3), Brachet en 1837 (4), John Reid en 1838 (5), n'a-
joutèrent rien de bien essentiel à l'expérience de Pourfour du Petit.
Ils signalèrent tous, comme conséquence de la section du filet sympathique au cou, ou comme résultat de l'extirpation des ganglions cervicaux de ce nerf, le rétrécissement de la pupille, la rougeur de la

---

(1) Mémoire dans lequel il est démontré que les nerfs intercostaux fournis-
sent des rameaux qui portent des esprits dans les yeux, p. 1.

(2) Chez les chiens, le cordon sympathique au cou est uni avec le vague,
qu'il est impossible par conséquent de ménager. Petit, qui n'ignore pas cette
disposition, distingue très-bien dans cette expérience complexe les effets qui
dépendent de la section du pneumogastrique de ceux qui appartiennent à celle
du sympathique.

(3) MÉMOIRE SUR L'EXTIRPATION DES GANGLIONS GUTTURAUX CHEZ LE CHEVAL.
JOURN. DE MÉD. DE LEROUX, 1816, t. XXXVII.

(4) SYSTÈME GANGLIONNAIRE. Paris, in-8°, p. 414.

(5) PHYSIOLOGICAL, PATHOLOGICAL AND ANATOMICAL RESEARCHES, p. 96.

conjonctive, l'enfoncement du globe oculaire dans l'orbite et la projection du cartilage de la troisième paupière au devant de l'œil.

Quoi qu'il en soit, c'est ce phénomène du *rétrécissement de la pupille* qui avait attiré plus spécialement l'attention des expérimentateurs, dans ces derniers temps ; c'est à ce fait surtout que se sont adressées toutes les explications proposées et toutes les expériences nouvelles qui firent faire quelque progrès à cette question.

En 1846, M. Biffi (de Milan) (1) observa cet autre fait nouveau que lorsque la pupille est rétrécie par suite de la section du nerf sympathique, on peut lui rendre son élargissement en galvanisant le bout céphalique du nerf sympathique coupé.

A peu près à la même époque, le docteur Ruete (de Vienne) (2) ayant remarqué que dans la paralysie de la troisième paire de nerfs, la pupille dilatée et immobile peut encore s'agrandir sous l'influence de la belladone, en conclut que l'iris reçoit deux espèces de nerfs moteurs correspondant à ses deux ordres de fibres musculaires, et que le grand sympathique, en animant les fibres musculaires radiées, produit le mouvement de dilatation, tandis que le nerf moteur oculaire commun, en animant les fibres circulaires, détermine au contraire le mouvement de contraction de l'iris.

En 1851, MM. Budge et Waller (3) reconnurent que, dans son action sur la pupille, le filet cervical du grand sympathique n'agit que comme un conducteur qui transmet une influence dont le point de départ est dans une région de la moelle épinière que précisèrent ces expérimentateurs et à laquelle ils donnèrent le nom de *région cilio-spinale*. Cette région est comprise entre la dernière vertèbre cervicale et la sixième vertèbre pectorale inclusivement.

Toutefois ces auteurs, en signalant ce résultat, s'attachèrent uniquement à l'explication du rétrécissement de la pupille. Ils admettent aussi qu'après la section du sympathique, les fibres radiées de l'iris (muscle dilatateur) sont paralysées, d'où il suit que l'action des fibres circulaires (muscle constricteur) prédomine et rétrécit l'ouverture pupillaire. Si, quand on galvanise la région de la moelle à laquelle le

---

(1) Intorno all' influenza che hanno sull' occhio i due nervi grande simpatico e vago. Dissert. inaug. Dr Serafino Biffi Milanese. Pavia, 1846.

(2) Ruete. Klinische Beytræge, etc.

(3) Compte rendu de l'Académie des sciences, p. 378.

sympathique prend naissance, on voit la pupille se dilater, cela vient encore, suivant eux, de ce que, sous l'influence galvanique, le nerf sympathique moteur excite l'action des fibres radiées ; leur contraction énergique surpasse alors temporairement l'action des fibres circulaires et détermine la dilatation de la pupille.

Depuis plusieurs années, en montrant dans mes cours publics les effets de la section de la portion céphalique du grand sympathique, j'ai insisté sur ce point qu'au lieu de poursuivre une explication exclusive pour rendre compte des modifications de la pupille, il faudrait en chercher une pour tous les autres phénomènes qui, survenant et disparaissant simultanément, semblent naitre sous l'influence d'une cause commune. Tous ces phénomènes simultanés et connexes sont, ainsi que nous l'avons vu :

1° Le rétrécissement de la pupille et la rougeur de la conjonctive ;

2° La rétraction du globe oculaire dans le fond de l'orbite, ce qui fait saillir le cartilage de la troisième paupière et le porte à venir se placer au devant de l'œil ;

3° Le resserrement de l'ouverture palpébrale et en même temps une déformation de cette ouverture qui devient plus elliptique et plus oblongue transversalement ;

4° L'aplatissement de la cornée et le rapetissement consécutif du globe oculaire.

Outre les phénomènes précédents, j'ai encore signalé le rétrécissement plus ou moins marqué de la narine et de la bouche du côté correspondant ; mais j'ai surtout indiqué une modification toute spéciale de la circulation, coïncidant avec une grande augmentation de caloricité et même de sensibilité dans les parties.

J'étudiai ces faits, qui n'avaient été signalés par personne avant moi, comme résultat de la destruction du nerf grand sympathique (1), et le

_____

(1) Bien que ce phénomène de calorification et d'augmentation de sensibilité eût dû se manifester entre les mains de tous les expérimentateurs, personne ne l'avait cependant remarqué, ni ne lui avait donné sa signification : c'est à peine s'il avait été noté. Dupuy parle, dans deux de ses expériences sur des chevaux, de chaleur passagère et de sueurs même survenues dans quelques parties de la face ou de la nuque. Mais cet observateur ne pense pas le moins du monde à caractériser le phénomène, qu'il confond, du reste, dans la description des symptômes d'une carie de l'occipital qui existait coïncidemment dans un cas, et d'une carie de l'os maxillaire qui existait dans

29 mars 1852, je lus à l'Académie des sciences une note *sur l'influence du nerf grand sympathique sur la chaleur animale*.

---

l'autre. Il le signale, au reste, chez d'autres animaux qui n'avaient pas eu les ganglions extirpés, mais qui présentaient des maladies des fosses nasales ou des os maxillaires. (Voy. l'ouvrage du même auteur sur l'AFFECTION TU-BERCULEUSE. Paris, 1817.)

Il reste donc évident que Dupuy n'a pas distingué ni compris le phénomène comme résultat physiologique de l'extirpation des ganglions sympathiques, ainsi que nous le démontrent les conclusions de son mémoire, que je transcris littéralement et complétement (*) :

« Des expériences que nous avons rapportées, il résulte :

» 1° Que la situation profonde des ganglions supérieurs des nerfs grands » sympathiques ne s'oppose point à leur excision sur l'animal vivant ;

» 2° Que l'opération nécessaire pour enlever ces ganglions est simple, peu » douloureuse, et n'est accompagnée ni suivie d'événements fâcheux ;

» 3° Que les phénomènes qui se manifestent et qui sont indépendants de » l'opération sont le resserrement de la pupille, la rougeur de la conjonctive, » l'amaigrissement général accompagné de l'infiltration des membres et de » l'éruption d'une espèce de gale qui finit par affecter toute la surface cu- » tanée ;

» 4° Enfin qu'on est en droit de conclure que ces nerfs exercent une grande » influence sur les fonctions nutritives. »

En lisant le mémoire de Dupuy avant la publication de mon travail, aucun des nombreux auteurs qui l'ont cité n'a pu y voir et n'y a vu que la calorifica-tion des parties fût la conséquence de l'extirpation des ganglions cervicaux ; car cela n'y est pas dit. Mais aujourd'hui que j'ai caractérisé le phéno-mène, on trouve, en lisant rétrospectivement les expériences du professeur d'Alfort, ou même celles d'autres auteurs, qu'il y a dans les descriptions, des mots, des phrases, des passages qui doivent se rapporter à ce que j'ai décrit, ce n'est pas la question que j'examine ; car il est clair, ainsi que je l'ai déjà dit, que les expériences ont dû donner les mêmes résultats entre les mains de tous les expérimentateurs qui ont dû, par conséquent, avoir tous le phénomène en question sous les yeux. Mais il est si facile d'avoir un phénomène sous les yeux et de ne pas le voir, tant qu'une circonstance quelconque ne vient di-riger l'esprit de ce côté. En 1842, j'ai fait un grand nombre de sections du sym-pathique et d'ablations des ganglions cervicaux de ce nerf sans me douter que cette opération produisît le réchauffement des parties, bien que je connusse cependant les expériences de Dupuy. Si, dix ans après, c'est-à-dire en 1852, j'ai découvert le fait, cela tient à ce que je m'étais placé à un point de vue dif-férent pour observer les résultats de l'expérience.

(*) *Loco cit.*

Dans ma note lue à l'Académie des sciences je me bornai à décrire les phénomènes et à signaler leur condition de production sans vouloir entrer aucunement dans leur explication. Cependant au premier abord il était difficile de ne pas croire que cette augmentation de caloricité et de sensibilité ne fût pas consécutive à une plus grande activité circulatoire. Mais comme j'avais observé des cas dans lesquels l'activité circulatoire semblait être le phénomène secondaire au lieu d'être le fait primitif, je me bornai à indiquer la possibilité des deux hypothèses, en disant que la caloricité n'était pas toujours en raison directe de la vascularisation des parties.

Depuis lors je continuai mes recherches et je signalai la même année, dans mon cours, que le galvanisme appliqué sur le bout supérieur du sympathique au cou, faisait disparaître tous les troubles produits par la section du nerf. Ces résultats furent publiés plus tard dans les COMPTES RENDUS DE LA SOCIÉTÉ DE BIOLOGIE (octobre et novembre 1852).

Mais pendant que je poursuivais mes expériences en France, M. Budge en Allemagne, M. Waller en Angleterre, et M. Brown-Séquard en Amérique, chacun de leur côté, étaient à la recherche de l'explication du phénomène que j'avais découvert.

M. Budge (1) rattacha cette calorification à la région cilio-spinale de la moelle, ce qui pouvait confirmer sans doute que la partie cervicale du sympathique naît en ce point, mais ce qui n'ajoutait en réalité rien au phénomène lui-même.

M. Waller (2) fit pour les artères le même raisonnement que pour la pupille. Il admit que la section du filet cervical du sympathique qui est moteur, amène une paralysie des artères de la face, qui se relâchent, se dilatent et se remplissent d'une plus grande quantité de sang. Ainsi s'explique pour lui la calorification des parties. Si l'on galvanise le sympathique, on fait contracter les artères, le sang en est expulsé et le refroidissement survient.

A son retour en France, M. Brown-Séquard réclama pour lui la théorie de la stase du sang par la paralysie des artères, et il annonça avoir vu le premier en Amérique que la galvanisation du sympathique amène le refroidissement des parties et la contraction des artères. Je n'entrerai pas dans des discussions de priorité relativement à des faits

---

(1) COMPTE RENDU DE L'ACADÉMIE DES SCIENCES. 1853.

(2) *Ibid.*

qui datent tous de la même année, et qui se sont développés immédiatement comme corrollaires tout naturels de ma première expérience. Je me félicite seulement de l'empressement que les expérimentateurs cités plus haut ont mis à me suivre dans l'étude de ces phénomènes de calorification. Cela me prouve qu'ils les ont trouvés importants et dignes d'intérêt.

M. R. Wagner (de Gœttingue) s'est encore livré dans ces derniers temps à des expériences très-intéressantes sur le grand sympathique, mais qui ne se rapportent point directement à la question d'augmentation de caloricité et de sensibilité que nous examinons ici.

DU NERF GRAND SYMPATHIQUE

SUR LA CALORIFICATION

Depuis longtemps j'avais été frappé du grand nombre de faits contradictoires qui existent dans la science relativement à l'influence des
lésions nerveuses sur la calorification des parties paralysées. On a observé en effet, dans ces circonstances, tantôt la diminution, tantôt
l'augmentation de caloricité. Il y avait donc à rechercher la raison de
ces dissidences dans une spécialité d'influence des diverses espèces
de nerfs; car quand, en physiologie, un phénomène s'offre avec des
apparences contradictoires, on peut être assuré que ses éléments sont
encore complexes et que ses conditions d'existence n'ont pas été suffi-
samment analysées. Il fallait ainsi examiner successivement l'influence
sur la calorification des nerfs de mouvement, des nerfs de sentiment et
de ceux du grand sympathique. Je commençai par ces derniers, et je
dois dire qu'étant sous l'influence de l'idée très-ancienne que le grand
sympathique qui accompagne spécialement les vaisseaux sanguins ar-
tériels, doit être le nerf qui préside aux phénomènes des mutations or-
ganiques s'accomplissant dans les tissus vivants, j'eus la pensée que sa
section, en amenant une atonie des vaisseaux et un ralentissement ou
une abolition dans les phénomènes circulatoires et nutritifs, serait
probablement en rapport avec le refroidissement des parties. Je fis donc
l'expérience et je choisis le lapin, parce que chez cet animal le filet
cervical sympathique, qui monte à la tête en allant d'un ganglion à
l'autre, se trouve facile à atteindre et est très-nettement distinct du nerf
pneumo-gastrique. Le résultat fut loin d'être d'accord avec ma
prévision, et au lieu du refroidissement que j'attendais, je constatai une

grande élevation de température dans tout le côté correspondant de la tête. Mon hypothèse s'évanouit aussitôt devant la réalité; mais elle m'avait mis sur la trace d'un fait nouveau qui devait rester acquis à la science; il s'agissait de l'étudier, de l'isoler et de lui donner une signification parmi les phénomènes qui se rapportent à l'histoire du système nerveux sympathique.

§1er. LE NERF GRAND SYMPATHIQUE EST-IL LE SEUL DONT LA SECTION PRODUISE DE LA CALORIFICATION.

Comme c'était sur le nerf sympathique de la face que j'avais d'abord expérimenté, je pensai qu'il valait mieux agir sur les nerfs de sentiment et de mouvement de cette même partie du corps afin d'avoir des phénomènes plus facilement comparables.

1° EXPÉRIENCES SUR LE NERF DE LA CINQUIÈME PAIRE. — Le 21 décembre 1851, sur un gros lapin vif et bien portant, j'ai fait la section de la cinquième paire à gauche dans le crâne par le procédé de M. Magendie. L'opération, qui réussit parfaitement, fut suivie immédiatement des symptômes d'insensibilité de la face bien connus.

Avant l'opération on ne sentait à la main qui saisissait l'oreille, ou avec le doigt plongé dans le pavillon auriculaire, aucune différence sensible dans la chaleur d'un côté à l'autre. Environ une demi-heure après la section de la cinquième paire, on appréciait au contraire manifestement à la main que l'oreille gauche qui correspondait au côté de la section était plus froide; on ne mesura pas la différence à l'aide d'un thermomètre. Le lendemain 22 décembre, dix-huit heures environ après l'opération, il existait toujours la même différence très-marquée entre la température des deux oreilles; celle du côté gauche était plus froide. La chaleur, prise au thermomètre, donna 34° C. à droite et 31° C. à gauche, ce qui faisait 3° C. d'abaissement de température après la section de la cinquième paire. L'animal avait, du reste, conservé toute sa vigueur

A ce moment, les phénomènes d'altération de nutrition de l'œil décrits par M. Magendie commençaient à se manifester du côté gauche. La conjonctive était rouge, les vaisseaux dilatés et gorgés de sang, l'œil chassieux, les paupières collées et la cornée déjà altérée; mais, comme je l'ai dit, la température de ces parties était cependant abaissée

malgré l'existence de ces troubles circulatoires qu'on rattache généralement à ce qu'on appelle des inflammations.

Alors je fis la resection du filet sympathique au cou à gauche, du
même côté où la température des parties avait été abaissée par la
section de la cinquième paire, et aussitôt la calorification se manifesta. Après quelques instants la température de l'oreille gauche dé-
passa de beaucoup celle de l'oreille droite, et le thermomètre plongé
dans les deux pavillons auriculaires environ trois quarts d'heure après
donna pour l'oreille gauche 37° C. et pour l'oreille droite 31° C.

En résumant les variations de température observées, voici les chiffres
obtenus :

	A gauche.	A droite.
	Côté opéré.	Côté sain.
1° Après la section de la 5ᵉ paire. . . .	31° cent.	34° cent.
2° Après la section du sympathique. .	37° cent.	31° cent.

Il est bon de noter que l'élévation de température à gauche a coïn-
cidé avec un abaissement à droite. Nous retrouverons plus tard des
choses semblables dans des expériences analogues.

Le 23 décembre, les deux oreilles offraient toujours la même différence de température que la veille; les phénomènes d'altération de
l'œil marchaient toujours. La conjonctive était toujours très-injectée, la
cornée était devenue entièrement opaque et ramollie; il y avait aux lè-
vres des ulcérations du même côté. Il est inutile de dire que l'insensibilité complète de la face persistait toujours à gauche ; cependant il
y avait encore dans le pavillon de l'oreille de la sensibilité qui prove-
nait des branches auriculaires du plexus cervical. Je fis alors la resection de ces nerfs au cou, à leur émergence sur le bord postérieur du
muscle sterno-mastoïdien, et immédiatement l'oreille devint complète-
ment insensible ; mais cela ne changea rien dans la température de cette
oreille qui resta toujours plus élevée que celle du côté opposé.

Les jours suivants jusqu'au 27 décembre l'animal fut observé, et il
offrit constamment une plus grande élévation de température dans le
côté gauche de la tête.

J'ai bien souvent répété la section de la cinquième paire sur des
lapins dans le but de vérifier l'expérience qui précède, et toujours j'ai
vu cette opération être suivie d'un abaissement de température dans la
partie correspondante de la tête. Mais si alors on fait la section du sympathique, les phénomènes de calorification surviennent de même et

indépendamment des lésions que produit la paralysie de la cinquième paire; et généralement on peut même dire que chacun de ces phénomènes atteint son maximum d'intensité dans des conditions vitales opposées, c'est-à-dire que les altérations dues à la section de la cinquième paire se manifestent avec d'autant plus de rapidité et d'intensité que les animaux sont plus faibles et languissants; au contraire le phénomène de calorification se produit avec d'autant plus de force et d'instantanéité que les animaux sont plus vigoureux et mieux portants.

2° EXPÉRIENCES SUR LE NERF FACIAL (SEPTIÈME PAIRE). — Le 21 décembre 1851, sur un gros lapin vif et bien portant, j'ai fait du côté gauche la section du nerf facial non loin de sa sortie par le trou stylo-mastoïdien, en pénétrant avec un stylet aigu dans la caisse auditive. Cette opération fut suivie des phénomènes ordinaires de paralysie de mouvement que je n'ai pas à décrire. Mais en examinant l'oreille environ demi-heure après l'opération, au point de vue de la calorification qui nous occupe, je trouvai à la main l'oreille gauche paralysée, manifestement plus chaude que celle du côté sain. Je laissai l'animal jusqu'au lendemain, et je trouvai toujours une élévation de température plus considérable du côté où le facial avait été coupé. Le thermomètre donnait :

> Oreille gauche paralysée. . . . . 33° cent.
> Oreille droite saine. . . . . 30° cent.

Alors je coupai le filet cervical du sympathique du côté gauche. Quelques instants après, la chaleur avait apparu beaucoup plus prédominante encore du côté gauche; on avait au thermomètre :

> Oreille gauche paralysée. . . . . 36° cent.
> Oreille droite saine. . . . . 31°,5 cent.

Les jours suivants, l'animal ne présenta rien de particulier; il fut observé jusqu'au 26 décembre.

Sur un autre lapin adulte et très-vigoureux, je fis de même la section du nerf facial dans la caisse auditive du côté gauche, en ayant soin d'incliner l'instrument de manière à couper le nerf aussi près que possible de son origine. L'opération réussit très-bien; mais quelques instants après la section on appréciait à la main une élévation manifeste de température du côté paralysé. Le thermomètre donnait :

> Oreille gauche paralysée. . . . . 33° cent.
>
> Oreille droite saine. . . . . 31° cent.

Le lendemain, la différence de température était un peu moindre, et on avait :

> Oreille gauche paralysée. . . . . 32°,5 cent.
>
> Oreille droite saine. . . . . 31°,5 cent.

Les jours suivants, l'excès de température de l'oreille gauche s'effaça de plus en plus, et six jours après l'opération les deux oreilles étaient à l'unisson de chaleur. Le thermomètre donnait :

> Oreille gauche paralysée. . . . . 31° cent.
>
> Oreille droite saine. . . . . 31° cent.

Cette égalité de température se maintint pendant les trois jours durant lesquels l'animal fut encore soumis à l'observation.

3° AUTRES EXPÉRIENCES SUR LE NERF FACIAL. — Il m'est souvent arrivé, en piquant la moelle allongée des chiens ou des lapins pour faire apparaître le sucre dans leur urine, de blesser involontairement les origines cachées du nerf de la septième paire, et de produire une paralysie simple des mouvements de la face, soit à gauche, soit à droite. Dans ces circonstances il y a toujours, au moment même de la piqûre, une augmentation momentanée de la température dans les deux côtés de la tête (1). Mais après quelques instants, lorsque cette chaleur, due à l'émotion, a disparu, la face et les oreilles reprennent leur température primitive, quelquefois même elle est un peu plus basse ; or jamais, dans ces cas, je n'ai vu que l'oreille, du côté où le facial était paralysé, fût plus chaude que l'autre ; c'était souvent le contraire, et le thermomètre indiquait généralement 1 degré à 1 degré 1/2 d'abaissement de température relative dans le côté de la face paralysé du mouvement et ayant conservé toute sa sensibilité, ce qui témoignait de l'intégrité de la cinquième paire.

_____

(1) Un phénomène momentané d'élévation de chaleur des parties périphériques a presque toujours lieu quand on blesse brusquement, d'une manière quelconque, un point des centres nerveux ; mais cela ne peut pas être confondu avec les phénomènes durables que je décris ici.

Il se manifeste donc, ainsi qu'on le voit, des effets calorifiques différents, suivant que le nerf facial est coupé dans son trajet extra-crânien, ou suivant que ses fibres originaires sont coupées dans la substance même de la moelle allongée. Dans ce dernier cas, la paralysie du facial amène, au point de vue de la calorification, des effets qui ne diffèrent pas notablement de ceux que produit la section de la cinquième paire ; et si, pour ce dernier nerf, l'abaissement de température est ordinairement plus considérable, on pourrait l'attribuer aux lésions de nutrition qui surviennent après la section du trijumeau, lésions qui ne se manifestent pas après la section du facial.

Quand au contraire on coupe le facial après qu'il s'est engagé dans le canal spiroïde du temporal, et surtout après qu'il en est sorti, les effets de sa section se rapprochent beaucoup de ceux que produit le sympathique, en ce sens qu'il y a toujours une élévation marquée de température.

Cette opposition entre les expériences précédemment citées me penser qu'en agissant sur la moelle allongée on paralysait uniquement les origines spécialement motrices musculaires du facial, car on avait une paralysie complète des muscles de la face sans augmentation de température ; qu'en coupant, au contraire, le facial dans le canal spiroïde, on agissait non-seulement sur les origines motrices musculaires, mais encore sur les fibres sympathiques qui s'y trouvaient adjointes, puisqu'on observait l'augmentation de température. J'étais, du reste, porté à cette interprétation des phénomènes par d'autres expériences. En effet, s'il est incontestable, en s'appuyant sur l'anatomie comparée et sur la physiologie, que le sympathique en prenant naissance dans les centres nerveux cérébro-spinaux a des rapports de contact avec les nerfs moteurs, il faut néanmoins admettre une origine spéciale dans la substance nerveuse pour les nerfs sympathiques à raison d'une spécialité très-nette de leurs propriétés. J'ai vu en particulier que le curare, qui agit d'une manière si remarquable sur le système nerveux, éteint distinctement les propriétés nerveuses, d'abord celles des nerfs de sentiment, puis celles des nerfs de mouvement, et celles des nerfs sympathiques, dont l'extinction se manifeste la dernière. J'aurai, du reste, occasion de développer ailleurs ces faits intéressants ; je veux seulement insister ici sur ce point que l'influence sur la calorification appartient spécialement au nerf sympathique, quand on agit sur lui isolément. Les nerfs de sentiment, comme la cinquième paire, ne peuvent

être, sous ce rapport, confondus avec lui, puisqu'ils produisent un refroidissement; et si maintenant on trouve que le facial coupé dans son trajet extracrânien donne lieu à des effets complexes, il est beaucoup plus
naturel et plus logique de conclure que ce nerf, qui contracte, comme
on sait, tant d'anastomoses dans le canal spiroïde, est déjà compliqué
dans sa composition. Pour obtenir une solution directe de la question,
et pour savoir si les nerfs moteurs purs agissent sur la calorification, je
pensai qu'il était plus convenable d'agir sur les racines rachidiennes,
qu'on peut atteindre avant qu'elles aient subi aucun mélange.

4° EXPÉRIENCES SUR LES NERFS RACHIDIENS. — Sur un chien de forte
taille, adulte et vigoureux, j'ouvris la colonne vertébrale dans la portion lombo-sacrée, pour atteindre les racines des nerfs qui animent
les membres postérieurs. L'animal ne perdit pas beaucoup de sang et
supporta bien l'opération, qui dura environ une demi-heure. Toutes les
racines rachidiennes étant à découvert, et convenablement préparées
à droite et à gauche, je pris la température dans les deux membres
en faisant une ponction cutanée à la partie interne de chaque cuisse et
en introduisant exactement toute la longueur de la cuvette du thermomètre sous la peau; je pris aussi la température du rectum. Voici
les chiffres que donna le thermomètre :

Cuisse gauche.	35°,5 cent.
Cuisse droite.	35°,5 cent.
Rectum.	39°,5 cent.

Les températures étant bien constatées et vérifiées à plusieurs reprises,
je fis alors à droite la section des six racines antérieures (quatre dernières lombaires et deux sacrées) qui concourent à la formation des
plexus lombaire et sacré. Ces racines possédaient une sensibilité récurrente très-faible, à cause d'un peu de fatigue de l'animal et du temps
un peu considérable depuis lequel la moelle était dénudée. Alors la
plaie du dos fut soigneusement recousue, l'animal délié et laissé en
repos. Fréquemment le chien se relevait et courait dans le labora-
toire, traînant son membre postérieur droit paralysé du mouvement;
on constata que la sensibilité était très-bien conservée dans les deux
membres postérieurs.

Deux heures et demie après la section des racines antérieures, j'exa-
minai l'animal au point de vue de la température de ses deux membres
postérieurs. A la main on sentait manifestement que le membre gauche

sain avait une température plus élevée que le membre droit paralysé du mouvement. La température fut reprise avec le thermomètre, plongé sous la peau par les mêmes incisions et de la même façon que la première fois. Voici les nombres qu'on obtint constamment dans un grand nombre de vérifications successives :

> Cuisse gauche saine. . . . .   36° cent.
> Cuisse droite paralysée du mouvement. . .   34° cent.

Alors la plaie du dos fut décousue, la moelle était chaude et très-sensible, ainsi que les racines antérieures qui offrirent alors une sensibilité récurrente très-développée. Ce réchauffement de la plaie survenu pendant le repos de l'animal peut expliquer l'élévation de température d'un demi-degré qu'on a trouvée du côté sain ; mais il n'en reste que plus évident que la section des racines antérieures a amené un abaissement de température dans le membre correspondant.

Alors et pendant que la plaie était décousue, je fis du côté gauche la section de toutes les racines postérieures de sentiment (quatre dernières lombaires et deux sacrées) qui concourent à la formation des plexus lombaire et sacré. Cette opération finie, la plaie fut recousue une seconde fois et l'animal laissé en repos.

Une demi-heure et une heure après, on prit à deux reprises la température sous-cutanée des deux cuisses, comme il a été indiqué, en ayant toujours soin de répéter plusieurs fois les vérifications. Voici ce que l'on obtint :

1re OBSERVATION (Cuisse gauche paralysée du sentiment. . . . . .   35° cent.
après 1/2 heure. (Cuisse droite paralysée du mouvement. . . . . .   34° cent.
2e OBSERVATION (Cuisse gauche paralysée du sentiment. . . . . .   34° cent.
après 1 heure. (Cuisse droite paralysée du mouvement. . . . . .   32° cent.

On voit ainsi qu'aussitôt après la section des racines rachidiennes aussi bien après la section des antérieures qu'après celle des postérieures, la température du membre a commencé à s'abaisser, tandis que la température s'était très-bien maintenue dans le membre tant qu'il avait conservé ses deux ordres de nerfs rachidiens.

Trois heures s'étaient à peine écoulées depuis la section des racines antérieures, que la température du membre droit s'était abaissée de quatre degrés ; et déjà une heure après la section des racines de sentiment, celle du membre gauche s'était abaissée d'un degré.

L'animal était resté très-vigoureux après son opération, et on ne pouvait pas objecter que son état d'affaiblissement avait empêché les effets de caloricité de se développer. Toutefois, je voulu lever toute prise à l'objection en faisant une contre-épreuve directe : en conséquence, sur le chien qui avait subi toutes ces expériences sur les racines rachidiennes, je coupai le sympathique au cou, et après 25 minutes il y avait à la main déjà une très-grande différence de température entre les deux oreilles : l'oreille gauche, où l'on avait coupé le sympathique, donnait 23 degrés, tandis que celle du côté sain marquait seulement 20 degrés. Il fut donc démontré par là que la calorification se développait encore très-activement chez cet animal, et que par conséquent ce phénomène aurait dû nécessairement se produire, si la section des racines antérieures eût été dans le cas de le déterminer.

En résumé, il me semble résulter clairement des expériences contenues dans ce paragraphe les propositions qui suivent :

1° La section des nerfs du sentiment, outre l'abolition du sentiment, produit la diminution de température des parties.

2° Celle des nerfs de mouvement, outre l'abolition du mouvement, a donné lieu également à un refroidissement des parties paralysées.

3° La destruction du nerf sympathique, qui ne produit ni l'immobilité des muscles ni la perte de sensibilité, amène une augmentation de température constante et très-considérable.

4° Maintenant si l'on coupe un tronc nerveux mixte qui renferme à la fois des nerfs de sentiment, de mouvement et des filets sympathiques on a les trois effets réunis, savoir : paralysie de mouvement, paralysie de sentiment et exaltation de caloricité. C'est ce que l'on peut obtenir par la section du nerf sciatique, par exemple ; toutefois, on comprendra que la calorification doive être dans ce dernier cas un peu moins prononcée, parce qu'elle est alors contre-balancée par l'abaissement que détermine simultanément la paralysie des nerfs de mouvement et de sentiment.

5° D'après cela je crois donc avoir établi avec raison que cette augmentation de caloricité est le résultat spécial de la section du nerf sympathique. C'est cet effet isolé qu'il s'agira d'étudier dans les paragraphes suivants.

§ II. — DESCRIPTION DES PHÉNOMÈNES DE CALORIFICATION QUI ACCOMPAGNENT LA SECTION DE LA PARTIE CERVICALE DU GRAND SYMPATHIQUE.

J'ai observé que lorsque sur un animal mammifère, sur un chien, sur un chat, sur un cheval, sur un lapin ou sur un cochon d'Inde, par exemple, on coupe ou on lie dans la région moyenne du cou le filet de communication (1) qui existe entre le ganglion cervical inférieur et le ganglion cervical supérieur, on constate aussitôt que la caloricité augmente dans tout le côté correspondant de la tête de l'animal. Cette élévation de température débute d'une manière instantanée, et elle se développe si vite qu'en quelques minutes, dans certaines circonstances, on trouve entre les deux côtés de la tête une différence de température qui peut s'élever quelquefois jusqu'à 4 ou 5 degrés centigrades. Cette différence de chaleur s'apprécie parfaitement à l'aide de la main, mais on la détermine plus convenablement en introduisant comparativement, et avec les précautions convenables, un petit thermomètre dans la narine ou dans le conduit auditif de l'animal.

J'ai souvent extirpé les ganglions cervicaux supérieurs du grand sympathique chez le chien et chez le lapin ; chez ce dernier animal, je les ai trouvés insensibles à la pression d'une pince, ainsi que l'avait déjà constaté M. Flourens ; seulement leur arrachement semble toujours accompagné d'une douleur plus ou moins vive. Chez le chien, cette sensibilité paraît un peu plus grande. L'ablation du ganglion cervical supérieur est suivie des mêmes effets calorifiques que la section du filet cervical ; toutefois ces effets sont toujours plus rapides, plus intenses et plus durables. Il est inutile de citer toutes les expériences excessivement nombreuses que j'ai pratiquées ; je dirai seulement qu'après la section du filet sympathique chez les lapins, les phénomènes de l'excès de calorification et de sensibilité ne sont guère évidents au delà de quinze à dix-huit jours, tandis que chez les chiens cela peut durer six semaines à deux mois. Après l'ablation des ganglions chez ces animaux, la persistance de la lésion peut être considérée comme indéfinie ; car sur un chien à qui j'avais fait l'extirpation du ganglion cervical supérieur à gauche, tous les phénomènes d'excès de caloricité et de sensibilité dus à cette extirpation étaient encore très-intenses un

---

(1) Chez le lapin, le cochon d'Inde, le cheval, ce filet est isolé du pneumogastrique, et se trouve placé entre ce nerf et l'artère carotide. Chez le chien, le chat, le filet sympathique est confondu avec le vague, et il devient impossible de couper isolément ces deux nerfs. Le ganglion cervical moyen manque généralement chez ces animaux, excepté chez le cochon d'Inde, où je l'ai, à peu près, toujours rencontré.

an et demi après l'extirpation du ganglion, lorsque l'animal fut sacrifié pour d'autres expériences.

Cette différence de 4 à 5 degrés est remarquable comme différence de calorification relative entre les deux côtés de la face. Mais si l'on compare la chaleur de l'oreille et de la narine (ainsi échauffée par suite de la section du nerf) à la chaleur du rectum ou des parties centrales du corps, le thorax ou l'abdomen, on voit qu'elle est à peu près la même. Toutefois, j'ai constaté assez souvent que l'extirpation du nerf sympathique élevait dans l'oreille correspondante la chaleur jusqu'à 40 degrés, tandis que la température normale dans le rectum, chez cet animal, ne dépasse pas généralement 38 à 39 degrés centigrades.

Toute la partie de la tête qui s'échauffe après la section du nerf devient le siége d'une circulation sanguine plus active. Cela se voit très-distinctement sur les vaisseaux de l'oreille chez le lapin. Mais les jours suivants, et quelquefois même dès le lendemain, cette turgescence vasculaire a considérablement diminué ou même disparu, bien que la chaleur de la face, de ce côté, continue à être très-développée.

On peut constater, en faisant pénétrer le thermomètre à l'aide d'incisions préalables, que cette élévation de température qu'on apprécie superficiellement s'étend également aux parties profondes, et même dans la cavité crânienne et dans la substance cérébrale. Cela se remarque mieux après l'extirpation des ganglions sympathiques. Le sang lui-même qui revient des parties ainsi échauffées possède une température plus élevée, ainsi que je l'ai constaté plusieurs fois sur des chiens, en introduisant un petit thermomètre dans la veine jugulaire à la région moyenne du cou. Il est bien entendu que la cuvette du thermomètre doit être dirigée en haut, de manière à être baignée par le sang veineux qui descend de la tête.

J'ai voulu rechercher comment le côté de la tête échauffé par la section du nerf sympathique se comporterait comparativement avec les autres parties du corps, si l'on venait à soumettre les animaux à de grandes variations de température ambiante. Je plaçai donc un animal (un lapin auquel j'avais pratiqué la section du nerf) dans une étuve, dans un milieu dont la température était au-dessus de celle de son corps. Le côté de la tête qui était déjà chaud ne le devint pas sensiblement davantage, tandis que la moitié opposée de la face s'échauffa ; et bientôt il ne fut plus possible de distinguer le côté de la tête où le nerf sympathique avait été coupé, parce que toutes les parties du corps, en acquérant leur summum de caloricité, s'étaient mises en harmonie de température.

Les choses se passent tout autrement quand on refroidit l'animal en le plaçant dans un milieu ambiant dont la température est beaucoup au-dessous de celle de son corps. On voit alors que la partie de la tête correspondante au nerf sympathique coupé, résiste beaucoup plus au froid que celle du côté opposé; c'est-à-dire que le côté normal de la tête se refroidit et perd son calorique beaucoup plus vite que celui du côté opposé. De telle sorte qu'alors la désharmonie de température entre les deux moitiés de la tête devient de plus en plus évidente, et c'est dans cette circonstance qu'on constate une différence de température qui peut s'élever quelquefois, ainsi que je l'ai dit, jusqu'à 6 ou 7 degrés centigrades.

J'avais eu l'idée de faire la section du nerf sympathique sur des animaux hibernants, pour savoir si cela les rendrait moins sensibles à l'action engourdissante que le froid leur fait éprouver. Je n'ai pas encore eu l'occasion de réaliser cette expérience.

Ce phénomène singulier d'une plus grande résistance au froid s'accompagne aussi d'une sorte d'exaltation de la vitalité des parties, qui devient surtout très-manifeste quand on fait mourir les animaux d'une manière lente, soit en les empoisonnant d'une certaine façon, soit en leur reséquant les nerfs pneumo-gastriques. A mesure que l'animal approche de l'agonie, la température baisse progressivement dans toutes les parties extérieures de son corps; mais on constate toujours que le côté de la tête où le nerf sympathique a été coupé, offre une température relativement plus élevée, et au moment où la mort survient, c'est ce côté de la face qui conserve le dernier les caractères de la vie. Si bien qu'au moment où l'animal cesse de vivre, il peut arriver un instant où le côté normal de la tête présente déjà le froid et l'immobilité de la mort, tandis que l'autre moitié de la face, du côté du nerf sympathique a été coupé, est sensiblement plus chaude et offre encore ces espèces de mouvements involontaires qui dépendent d'une sensibilité sans conscience et auxquels on a donné le nom de mouvements réflexes.

En observant pendant longtemps les animaux auxquels j'avais fait la section de la partie céphalique du grand sympathique, j'ai pu suivre les phénomènes de calorification ainsi que je l'ai dit plus haut. Si les animaux restaient bien portants, je n'ai jamais vu, après cette expérience, survenir dans les parties plus chaudes aucun œdème ni aucun trouble morbide qu'on puisse rattacher à ce qu'on appelle de l'inflammation. J'ai dit : si les animaux étaient bien portants, car en effet, lorsqu'ils deviennent malades, soit spontanément, soit à la suite d'autres opérations qu'on leur fait subir, on voit les membranes muqueuses oculaire et nasale seulement du côté où le nerf sympathique a été coupé, devenir très-rouges, gonflées, et produire du pus en grande abondance. Les paupières restent habituellement collées par du mucus purulent, et la narine en est fréquemment obstruée. Si l'animal guérit, ces phénomènes morbides disparaissent avec le retour à la santé.

D'après cela je n'admets pas *l'inflammation* de la conjonctive signalée par Dupuy, John Reid, etc., comme une conséquence normale de la lésion du nerf sympathique : je considère ce phénomène comme accidentel et comme ne survenant qu'à la suite d'un état d'affaiblissement consécutif de l'animal. Je signale du reste le fait comme je l'ai observé, sans vouloir essayer d'expliquer pour le moment comment il se fait, que cette augmentation de caloricité et de sensibilité des parties arrive à se changer subitement sous certaines influences en ce qu'on appelle une inflammation violente avec formation purulente excessivement intense.

Les faits de calorification de la tête que j'ai précédemment signalés, après la section, la ligature, la contusion ou la destruction de la partie cervicale du grand sympathique, sont faciles à reproduire et à vérifier. Toutefois, comme toujours en physiologie expérimentale, il est nécessaire de prendre quelques précautions pour obtenir des résultats constants et bien tranchés. Voici les conditions qui me paraissent les meilleures :

1° Il est préférable de faire l'expérience lorsque la température ambiante est un peu basse, parce qu'alors la différence de chaleur entre les deux côtés de la face est d'autant plus facile à saisir qu'elle est plus considérable.

2° Il faut choisir des animaux vigoureux et plutôt en digestion, l'observation m'ayant appris que les phénomènes de calorification se manifestent d'autant plus faiblement et plus tardivement que les animaux sont préalablement affaiblis ou languissants.

3° Il faut éviter les grandes douleurs et l'agitation de l'animal pendant l'opération. Il arrive en effet si celle-ci est laborieuse, que l'émotion et l'excitation générale que l'animal éprouve en se débattant masquent complétement le résultat immédiat. Bien qu'on n'ait coupé le nerf sympathique que d'un seul côté, on pourrait trouver les deux oreilles par exemple aussi chaudes l'une que l'autre immédiatement après la section. Mais bientôt, si on laisse l'animal en liberté, les choses reprennent leur équilibre et le côté correspondant au nerf coupé reste seul avec une température plus élevée.

4° Ainsi qu'il a été dit, les phénomènes sont toujours plus marqués et plus durables, quand au lieu de couper le filet d'union du sympathique au cou, on extirpe le ganglion cervical supérieur.

5° Du reste en revenant ailleurs sur les phénomènes de calorification produits par la section du sympathique, nous verrons qu'ils paraissent suivre les variations physiologiques de la chaleur animale. Ils sont plus marqués généralement pendant la période digestive et plus faibles pendant l'abstinence (1).

§ III. — EFFETS DE LA GALVANISATION DU BOUT CÉPHALIQUE DU NERF GRAND SYMPATHIQUE SUR LES PHÉNOMÈNES DE CALORIFICATION DANS LA TÊTE.

Lorsqu'on galvanise avec une forte machine électro-magnétique le bout céphalique du nerf sympathique coupé, chez un chien par exemple, ce n'est pas seulement la pupille qui reprend son élargissement, mais tous les autres phénomènes qui avaient suivi la section du nerf disparaissent également et même s'exagèrent en sens inverse ; c'est-à-dire, que sous cette influence galvanique, la pupille rétrécie devient plus large que celle du côté opposé, l'œil enfoncé devient saillant hors de l'orbite, la vascularisation des parties s'efface et leur *température* baisse au-dessous de l'état normal. C'est en me fondant sur ces faits que j'ai insisté depuis longtemps sur la connexion évidente de tous ces désordres et sur la possibilité de les ramener tous malgré leur variété à une explication unique, puisqu'ils apparaissent et disparaissent constamment tous sous l'influence des mêmes causes.

J'ai fait connaître ces résultats dans mon cours de l'année 1852, et

---

(1) J'ai pratiqué encore l'extirpation des ganglions et la section des filets du sympathique dans le thorax et dans l'abdomen. Je ne décrirai point ici ces expériences, parce qu'elles ont été faites à d'autres points de vue. Je dirai seulement qu'elles sont suivies des mêmes effets vasculaires et calorifiques qu'à la tête.

ils ont été imprimés aux mois d'octobre et de novembre de la même année, dans les comptes-rendus de la Société de Biologie. Voici une partie de l'extrait qui s'y trouve : « Si l'on galvanise le bout supérieur » du grand sympathique divisé, tous les phénomènes qu'on avait vu se » produire par la destruction de l'influence du grand sympathique » changent de face et sont opposés. La pupille s'élargit, l'ouverture pal-» pébrale s'agrandit ; l'œil fait saillie hors de l'orbite. D'active qu'elle » était la circulation devient faible ; la conjonctive, les narines, les » oreilles qui étaient rouges pâlissent. Si l'on cesse le galvanisme, tous » les phénomènes primitivement produits par la section du grand sym-» pathique reparaissent peu à peu pour disparaître de nouveau à une » seconde application du galvanisme. On peut continuer à volonté cette » expérience, la répéter autant de fois que l'on voudra, toujours les ré-» sultats sont les mêmes. Si l'on applique une goutte d'ammoniaque » sur la conjonctive d'un chien du côté où le nerf a été coupé, la dou-» leur détermine l'animal à tenir son œil obstinément et constamment » fermé. Mais à ce moment, si l'on galvanise le bout supérieur du sym-» pathique coupé, malgré la douleur qu'il éprouve, le chien ne peut » maintenir son œil fermé ; les paupières s'ouvrent largement en même » temps que la rougeur produite par le caustique diminue et disparaît » presque entièrement. »

Parmi les expériences très-nombreuses que j'ai faites relativement à l'influence de la galvanisation sur la calorification, il me suffira de décrire une de celles qui ont été faites avec des mesures thermométri-ques pour donner une idée exacte de la nature du phénomène. Les chiffres indiqués ci-dessous représentent des nombres arbitraires pris sur des thermomètres métastatiques à déversement de M. Walferdin qui a bien voulu me prêter son concours dans ces recherches délicates. Mais la comparaison n'en est que plus facile et plus sûre ; du reste on peut avoir les valeurs réelles par le calcul en se reportant à un thermo-mètre étalon (1).

---

(1) 56parties,7 du thermomètre métastatique mis en usage=1 degré centigrade, 1 partie = par conséquent 0°,0176 ; d'où il résulte que dans cette série d'ex-périences on a pu lire directement des fractions très-faciles à apprécier à l'œil nu, et correspondant à une fraction plus petite que la centième partie d'un degré centésimal. Ce thermomètre avait été réglé de 35° à 40°. La température ambiante 20°,5.

Ces expériences ont été faites pendant l'été; la température ambiante était élevée et oscillait entre 20 et 22° C. Cela doit être noté, parce que la différence de caloricité entre les parties saines et celles où le sympathique avait été coupé a dû se montrer moins grande qu'elle ne l'aurait été par un temps plus froid.

Expérience. Sur une chienne de petite taille j'ai fait la section du grand sympathique (1) dans la partie moyenne du cou, du côté droit. On prit la température dans les deux conduits auditifs, 9 minutes après la section du nerf.

Oreille gauche = 280.   Oreille droite = 287.   Différence 7.

Le thermomètre restant placé dans l'oreille droite, on galvanise le bout céphalique du sympathique du même côté, en alternant à peu près une minute de galvanisation avec une minute de repos, et on constate, pendant la galvanisation, l'abaissement de température dans l'oreille de la manière suivante :

287. . . . . point de départ.
269. . . . . après 7 minutes.
255. . . . . après 11 minutes.
245. . . . . après 15 minutes.
240. . . . . après 16 minutes.

On cesse la galvanisation et bientôt la température s'élève ainsi qu'il est démontré par les nombres suivants :

240. . . point extrême d'abaissement.   Seize minutes après qu'on avait cessé la galvanisation, on replace le thermomètre dans l'oreille, et il donne les nombres suivants :

---

(1) Il est impossible, ainsi qu'il a été dit, de couper le sympathique seul chez le chien, parce qu'il est intimement uni au tronc du nerf vague. Mais ce nerf n'a aucune part dans ces phénomènes de calorification, ainsi que cela se prouve par la même expérience donnant les mêmes résultats chez le lapin, où l'on peut faire la section du sympathique isolément. Si j'ai choisi le chien, c'est parce que le volume plus considérable des nerfs se prête mieux à la galvanisation.

245. . . . . après 16 minutes de repos.
259. . . . . 19 id.
268. . . . . 22 id.
273. . . . . 24 id.
276. . . . . 25 (la température montant toujours, on cesse l'observation).

On voit donc que l'oreille droite qui, par la section du sympathique, était montée de 7 parties au-dessus de l'oreille gauche saine, est descendue par la galvanisation bien au-dessous de la normale 280, puisqu'elle est arrivée au chiffre 240, c'est-à-dire à un abaissement de 27 parties.

Pendant cette galvanisation l'oreille gauche normale ne participait en rien à l'abaissement de température observée sur l'oreille droite. Au contraire elle éprouvait une influence inverse ; car en examinant la température immédiatement après la galvanisation au moment où l'oreille droite marquait 240, on trouva dans la gauche 286,5, c'est-à-dire une augmentation de température à peu près égale à celle que la section du nerf sympathique avait produite primitivement dans l'oreille droite.

On avait donc alors comme résultat comparatif les nombres suivants :

Avant la galvanisation. { Oreille gauche saine. 280
Oreille droite correspondant au sympathi-
que coupé. 287

Après la galvanisation. { Oreille gauche saine. 286,5
Oreille droite correspondant au sympathi-
que coupé. 240

Cette espèce de renversement ou d'antagonisme des phénomènes calorifiques d'un côté à l'autre, est très-remarquable et nous allons le retrouver encore à l'occasion des effets de la chloroformation.

§ IV. Effets de la chloroformation sur la calorification.

Les inspirations d'éther ou de chloroforme qui ont la propriété d'éteindre la sensibilité, produisent ce même effet quand le sympathique a été détruit ; seulement si on fait agir le chloroforme lentement on voit que ce résultat arrive ordinairement un peu plus tard à cause de l'excès de sensibilité qui existe toujours dans les parties. Mais c'est la calorification qui nous offre le plus d'intérêt en ce qu'elle se comporte comme s'il s'agissait de l'électricité.

PREMIÈRE EXPÉRIENCE. Une chienne de petite taille et encore jeune, avait subi la section du filet sympathique dans le cou du côté droit, elle avait également été soumise à la galvanisation du bout périphérique de ce nerf, et avait fourni les résultats qui ont été consignés dans le paragraphe précédent.

Le quatorzième jour après l'opération, la plaie du cou était depuis longtemps cicatrisée; mais les phénomènes de calorification persistaient toujours très-évidemment; l'oreille droite était plus injectée et plus chaude que celle du côté opposé. On chloroforma alors l'animal à l'aide d'un masque de caoutchouc serré autour du museau et communiquant avec de l'air chargé de vapeur de chloroforme : bientôt l'insensibilité se manifesta, et au moment où elle était devenue complète au point que l'attouchement des conjonctives ne produisait plus de clignement, l'oreille droite baissa rapidement de température, devint froide et pâle, tandis que celle du côté sain à gauche devint plus injectée et plus chaude. On introduisit un thermomètre dans les oreilles et on trouva :

Oreille droite correspondant au nerf sympathique coupé pendant
    la chloroformation et l'insensibilité complète. . . . . 36,8° c.
Oreille gauche saine au même moment. . . . . 37,2° c.

On cessa alors les inspirations de chloroforme, peu à peu l'animal revint, et une heure et demie après, lorsqu'il était à peu près sorti de son ivresse chloroformique, on trouva :

Oreille droite ; côté de l'opération. . . . . 37,8° c.
Oreille gauche ; côté sain. . . . . 34,4° c.

On soumit de nouveau l'animal à l'action du chloroforme, et au moment où l'insensibilité devint complète, la température des oreilles était :

Oreille droite ; côté de l'opération. . . . . 37,3° c.
Oreille gauche ; côté sain . . . . 37,8° c.

DEUXIÈME EXPÉRIENCE. Sur une chienne de forte taille, adulte, je fis la section à droite du filet cervical du grand sympathique. Quelques instants après, la température fut prise avec un thermomètre métastatique à déversement de M.Walferdin, à échelle arbitraire, on obtint :

1° Côté gauche sain... { Oreille. 165
{ Narine au moment de l'expiration (1) 165,5

2° Côté droit correspon- { Oreille. 177,5
dant au nerf coupé... { Narine (2). 174,2

On soumit alors l'animal à la chloroformation, et aussitôt que l'insensibilité fut obtenue, on mesura la température des oreilles qui fut trouvée :

1° Oreille droite ; nerf coupé. . . . . baissée de 177,5 à 175,3
2° Oreille gauche ; côté sain. . . . . montée de 165,0 à 174,3

Je me borne à citer ces deux expériences ; elles démontrent que le chloroforme n'agit pas de même sur les parties saines et sur celles où le sympathique a été coupé. Plus tard ces faits seront repris à un autre point de vue.

DES RAPPORTS QUI EXISTENT ENTRE LA VASCULARISATION ET LA CALORIFICATION DES PARTIES APRÈS LA SECTION DU GRAND SYMPATHIQUE.

Ainsi que je l'ai indiqué dans ma note lue à l'Académie en mars 1852, la section du filet cervical du grand sympathique et surtout l'extirpation du ganglion cervical supérieur, amènent immédiatement et en même temps que l'augmentation de chaleur, une très-forte turgescence vasculaire dans l'oreille et dans tout le côté correspondant de la tête. Les artères, plus pleines, semblent battre avec plus de force ; la circulation est activée et l'absorption des substances toxiques ou autres déposées à quantité égale, dans le tissu cellulaire sous-cutané de la face ou à la base de l'oreille, sont toujours plus vite absorbées du côté où a été opérée la section du sympathique.

Il y a, sans aucun doute, des rapports intimes que personne ne peut méconnaître, entre les phénomènes de calorification et de vascularisa-

---

(1) On voit, dans la narine, une oscillation d'une demi-division environ pendant la respiration ; il y a un abaissement à chaque inspiration par l'action de l'air froid, et élévation à chaque expiration par sortie de l'air chaud.

(2) On n'observait plus alors ces oscillations respiratoires indiquées précédemment ; il semblait qu'il passait à peine de l'air par cette narine. Cela dépendait de la section du vague qui avait été opérée avec le sympathique.

tion des parties du corps; mais est-ce à dire pour cela que dans le cas qui nous occupe, on devra attribuer l'augmentation de chaleur de l'oreille ou de la face purement et simplement, à ce que la masse de sang qui y circule, devenue plus considérable, se refroidit moins facilement et fait apparaître les parties plus chaudes? Cette interprétation toute mécanique, qui devait d'abord se présenter à l'esprit, serait insuffisante pour expliquer ces différences de 6 à 7° centigrades de température qui existent quelquefois entre les deux côtés de la face. J'ai été encore porté à repousser cette explication, parce que l'on voit très-souvent la vascularisation diminuer considérablement dès le lendemain de l'opération, bien que l'oreille ne varie pas sensiblement de température. Parmi un très-grand nombre d'expériences de cette nature que j'ai pu observer, j'en citerai une seule pour donner une idée plus exacte du fait.

Sur un gros lapin, vigoureux et bien nourri, j'ai fait l'extirpation du ganglion cervical supérieur du côté droit. L'opération fut faite au mois de décembre et la température ambiante était basse; avant l'opération la température prise dans les deux oreilles était :

> Pour l'oreille droite. . . . . . 33° cent.
> Pour l'oreille gauche. . . . . . 33° cent.

Aussitôt après l'extirpation du ganglion l'oreille droite devint très-vascularisée et très-chaude, tandis que celle du côté opposé n'avait pas sensiblement changé d'aspect. Un quart d'heure après l'enlèvement du ganglion on reprend la température des deux oreilles et on trouve :

> Pour l'oreille droite. . . . . . 39° cent.
> Pour l'oreille gauche. . . . . 33° cent.

Ainsi en un quart d'heure la chaleur de l'oreille et de la face avait monté de 6° centigrades. Le phénomène n'était pas encore arrivé à son *summum*, car une heure après on trouva 40° centigrades dans l'oreille droite.

L'animal fut laissé jusqu'au lendemain où il fut de nouveau soumis à l'observation. L'oreille droite était alors beaucoup moins turgescente que la veille; les artères étaient considérablement diminuées de calibre, et il fallait une grande attention pour voir une différence entre les deux oreilles au premier abord. C'étaient seulement les très-petites ramifications vasculaires ou les capillaires qui étaient restés plus visibles et plus nombreux dans l'oreille droite; mais la main percevait toujours très-manifestement une grande différence de température entre les deux côtés de la tête. Le thermomètre plongé dans les deux oreilles donna :

> Pour l'oreille droite. . . . . 37° cent.
> Pour l'oreille gauche. . . . 30°,5 cent.

On voit ainsi que l'énorme turgescence vasculaire et l'accumulation d'une grande quantité de sang qui suivent immédiatement l'opération, peuvent diminuer considérablement, sans entraîner un abaissement de température notable. Cependant, comme je l'ai dit, la circulation capillaire reste toujours plus visible dans l'oreille plus chaude.

Toutefois il ne faudrait pas encore conclure de là que la température sera toujours plus élevée quand les vaisseaux capillaires seront plus visibles. A la suite de la section de la cinquième paire, comme on sait, la conjonctive devient très-rouge et les vaisseaux capillaires y sont très-visibles ainsi que dans d'autres parties de la face, et cependant il y a dans ces cas un abaissement de température. Si à cela on objectait qu'il y a, après la section de la cinquième paire, une obstruction des vaisseaux qui enraye la circulation et produit le refroidissement, je répondrais par l'expérience que j'ai citée ailleurs, à savoir que dans ces cas, la section du sympathique fait apparaître aussitôt la calorification dans les tissus où la turgescence vasculaire existait déjà cependant, mais avec refroidissement. Cette influence calorifiante du sympathique, même sur les parties où le cours du sang se trouve gêné et diminué, sera encore rendue plus évidente par l'expérience suivante :

Sur un lapin adulte et bien portant, j'ai fait la ligature des deux troncs vasculaires veineux de chaque oreille. Après cette opération les veines se dilatèrent, devinrent gorgées par le sang qui stagnait. Après trois quarts d'heure, les deux oreilles s'étaient manifestement refroidies par suite de cette stase du sang. Alors je fis la section du filet sympathique cervical du côté droit, et aussitôt l'oreille correspondante devint plus chaude; il était cependant impossible d'expliquer cette calorification par l'accumulation du sang qui précédemment produisait un phénomène inverse, le refroidissement qui s'observait toujours sur l'oreille du côté opposé. Alors je fis la ligature de l'artère de façon à emprisonner le sang dans l'oreille, la température diminua un peu, mais elle resta toujours plus élevée que dans l'oreille opposée.

Quand, au lieu de la ligature primitive des veines, on pratique celle des artères, les parties se refroidissent aussi, mais par un mécanisme inverse. Dans le premier cas, le refroidissement est la conséquence de l'impossibilité du renouvellement du sang, et dans le second, le résultat de son absence. Nous avons vu qu'en réséquant le sympathique après la ligature des veines, la calorification peut se produire, ce qui n'a pas lieu quand on fait la section de ce nerf après la ligature exacte des artères seules; mais tout cela démontre simplement que si le phénomène de calorification ne peut pas se produire dans des parties dont les vaisseaux sont complétement vides de sang, il peut au contraire avoir lieu dans des parties où le sang stagne et indépendamment de son renouvellement rapide. Ce qui prouve encore cette proposition, c'est que si chez les chiens ou les lapins, où la calorification d'un des côtés de la tête se trouve bien développée, sous l'influence de l'extirpation du sympathique, on vient à diminuer l'afflux ou le renouvellement du sang par la ligature de l'artère carotide du côté correspondant, on voit néanmoins la chaleur des parties rester toujours plus élevée que celle du côté opposé.

D'après ces expériences, il n'est donc pas possible d'expliquer le réchauffement des parties par une prétendue paralysie des artères qui, à raison d'un élargissement passif, laisseraient circuler une plus grande quantité de sang. J'ai dit prétendue paralysie, parce qu'en effet elle est plutôt à l'état de théorie qu'à l'état de fait démontré. Si la section du sympathique paralysait les fibres de contraction des artères, on devrait voir à l'instant de l'opération un élargissement subit de l'artère, et c'est toujours le contraire qu'on observe. En effet, en faisant sur des lapins la section du filet cervical du sympathique qui avoisine la carotide, j'ai toujours vu cette artère se resserrer considérablement aussitôt après la section ou le déchirement du filet. Si plus tard cette artère et ses divisions deviennent plus grosses, c'est qu'elles sont distendues par un afflux de sang qui se fait dans les parties correspondantes; mais loin d'être la cause de la circulation plus active, l'élargissement des artères n'en est au contraire que l'effet. De même quand en galvanisant le bout périphérique du nerf sympathique coupé avec une forte machine électro-magnétique, on amène dans les parties où il se distribue une série de troubles profonds sur lesquels je n'ai pas à m'expliquer ici mais avec lesquels coïncide un arrêt de la circulation. Si alors les artères comme les veines se resserrent et reviennent sur elles-mêmes, cela tient à ce qu'il n'y a plus de sang pour les distendre, mais il n'est pas prouvé que ce soit l'effet d'un resserrement actif des vaisseaux. Et du reste, si cette paralysie des artères existait réellement, leur dilatation sous l'influence de l'impulsion du cœur ne devait-elle pas aller toujours en augmentant à partir du moment de l'opération et finir même par amener des dilatations artérielles anévysmatiques. Il n'arrive rien de semblable, puisque nous avons vu au contraire que le lendemain de la section du sympathique la vascularisation a ordinairement beaucoup diminué, les artères sont revenues sur elles-mêmes, bien que la chaleur soit toujours très-notablement augmentée.

En un mot, le phénomène circulatoire qui succède à la section du nerf sympathique est actif et non passif, il est de la même nature que la turgescence sanguine qui, ainsi que je l'ai démontré ailleurs, survient dans un organe secréteur qui, d'un état de repos ou de fonctionnement faible, passe à un état de fonctionnement très-actif; il se rapproche encore de l'afflux de sang et de l'augmentation de sensibilité qui surviennent autour d'une plaie récente ou aux environs d'un corps étranger qui séjourne dans les tissus vivants. Je n'ai pas à me préoccuper ici de l'explication de ces phénomènes sur lesquels j'aurai bientôt occasion de revenir. Il me suffira de dire que, bien que dans tous ces cas on voie les vaisseaux plus gorgés de sang et les artères battre avec plus de force, il ne peut venir à l'idée de personne de les rapporter à une paralysie pure et simple des artères.

CONCLUSION.

Je n'ai voulu dans ce travail établir qu'un seul point de l'histoire si complexe du grand sympathique, à savoir que la section de filets ou de ganglions appartenant à ce nerf a constamment le privilége d'augmenter la calorification des parties auxquelles il se distribue.

Ces phénomènes de caloricité qu'on produit en agissant sur le sympathique ne sont en réalité que l'exagération de ce qui se passe dans la production de la chaleur animale.

En donnant les moyens d'accroître les actes calorifiques et de les localiser dans des parties extérieures faciles à observer, j'ai eu la pensée de rendre plus accessible à nos moyens d'investigation, l'étude de cette importante fonction encore si peu connue, mais qui ne saurait toutefois être recherchée ailleurs que dans la plus ou moins grande activité des métamorphoses chimiques que le sang éprouve dans les tissus vivants sous des influences spéciales du système nerveux.

FIN.